爱 智 书 系

思维迷宫

赵汀阳 著 赵汀阳 图

中国人民大学出版社

·北京·

当我和你玩耍时，我从没有问过你是谁。我不知羞怯与惧怕，我的生活是喧嚣的。

清晨，你把我唤醒，像我自己的伙伴一样，带着我穿行林间。

那些日子，我从未想过去了解你对我唱的歌曲的意义。我只是随声附和，心儿踏着歌声起舞。

现在，游戏的时光已过，这突然出现在我眼前的情景是什么呢？世界垂下眼帘紧盯你的双脚，和你肃穆的群星一同敬畏地站着。

——泰戈尔（《吉檀迦利》）

写在前面的话

　　无论选择什么职业，想做什么样的人，掌握一点货真价实的哲学肯定有些好处。哲学是独立自由的思考，哲学是思想冒险，哲学还是练习全局思考的好办法，如果想做大事，大胆的思想和全局思考总是取得成功的重要因素，如果既不能大胆思考又不能全局思考，就做不成大事，甚至小事也未必做得好。还有一点特别重要，哲学能够训练理性思维，理性思维是人类一切成就的基础之一，尤其能够使人避免做错事，理性在避免错误上的贡献甚至大过发现真理。当然，哲学并非对任何事情都有用，这一点不可不知。记得看过一篇小说，叫做

《逻辑与爱情》，作者很有名，可惜忘记了。这篇小说讲的是，有个小伙子精通数理逻辑，一心想让女友兼备美貌和理性，等到女友学会了数理逻辑，却看上了另一个穿着熊皮夹克显得很帅的家伙。逻辑是哲学的近亲，以此推之，哲学对爱情之类的事情恐怕就帮不上什么忙了。一般来说，哲学对于从事各种科学研究或人文社会科学研究，从事政治、法律、管理、经济工作等，都非常有用。

　　"爱智书系"是一套哲学通俗读本，通俗就是要求容易理解，但这一点其实很难。首先是要清楚明白，语言没有杂质，如泉水一般透亮，就像维特根斯坦的写作那样，这需要非常精纯的功力，我已经尽力写得清楚明白，但仍然无法做到无杂质。其次还要深入浅出，把深刻的说成浅显的，这个要求其实有些可疑，因为哲学的深刻不在于语言的晦涩，而在于问题的艰深，例如维特根斯坦从来不用晦涩话语，用的都是最容易理解的语言，却是最深刻的哲学之一，因为他的问题是深刻的。晦涩语言可以变成清楚的语言，但艰深的问题不可能变成肤浅的问题。为了完成"通俗"这一任务，就不得不对哲学有所歪曲，但愿没有越抹越黑，还请读者见谅。如果读者对哲学有更认真的兴趣，应该去读更严格的哲学著作。

我的这本书讲"方法"。方法是哲学的功夫，如果不懂方法，即使把哲学"三百篇"背诵下来也仍然对哲学一无所知，并非随便什么东西只要重复千遍就能够"其义自现"。以为不断重复人人都会的简单劳动就能够成功，这是典型的流俗幻想。这本书是15年前写作和出版的，原书写作比较粗糙，错漏不少，险些挂一漏万。这次修正，对内容和文字都有不少增删改进，应该稍好一些。但愿如此。

自画像

目　录

导言　思想的功夫

博学并不能使人智慧。

——赫拉克利特

不要遵循那条大家所习惯的道路，不要以你茫然的眼睛、轰鸣的耳朵以及舌头为准绳。

——巴门尼德

众妙之门

无论做什么事情，要想做得好，都需要某种技艺，相当于"功夫"。说到功夫，一般都会想到中国的武术，武术就是一门典型的功夫，不会武功的人在格斗时只会出于本能地瞎打。同样，思想也需要有思想的功夫，不然的话，就只能乱想，尽想些没用的事情，或者，即使想到了一些有用的事情，也想不出有用的结果，想了也是白想，没准想多了更糊涂。有两位真正的武术家，身负武功绝学，都曾经跟我讲过，不得其法的武术，往往还打不过不会武术的猛汉，因为那些花哨无用的套路反而使人在规范中失去正确的战斗直觉，禁锢了对身体的深刻体会。今日之学术也有类似之处，人们追求许多无用有害的套路和规定动作，这同样禁锢了思想的创造性和对思维的深刻体会。

哲学正是一门思想的功夫，按较为正规的说法，哲学意味着一种思想方法。哲学的根本特征在于它是思想的一种"元"思想。"元"（meta-）的意思是在人类各种思想观念后面所进行的"更进一步"的反思性思想或者奠基性的思想。按中国的说法，哲学就是贯通各种具体道理的大道理，就像老子所说的，是"大道"，而不是各种分门别类的"道"，这种"大道"和其他所有分门别类的道都相通相关，所以，哲学可以称得上是"众妙之门"。

怎样才是"更进一步"的研究呢？听起来好像是一种特别深刻的知识，但其实并非如此。古希腊有个年轻人准备去学哲学，苏格拉底问他到底想学的是什么，他一下子就被问糊涂了：如果去学法律，就能学到诉讼的技巧；如果去学木工，就能学会做家具；如果去学打铁，就会做铁匠活，如此等等，可是说到学哲学，学完后到底算学到什么了？到底学会干什么了？似乎很难说，怎么说好像都不对，隐约会觉得，其实没有学到任何一样东西。结果年轻人很窘地回答：哎呀，要不是因为哲学这件事与别的事情有些不同，我就似乎应该说，学到的是"智慧"。这个顺理成章的回答之所以说不出口，是因为智慧不像是能够学来的，知识再多，学富五车，仍然可能是个傻瓜，如果智慧能教，那么点铁成金似乎也能够做到了。

古希腊人就很怀疑包括智慧和勇敢等在内的"卓越之才"（arete, virtue, 英译为 excellence, 中文通常翻译为美德，并不准确）是否能够传授。孔子也不相信"下愚"能够学成"上智"。如果是这样，学习哲学的意义又在何处？阿里斯多芬曾经写过一个戏剧《云》，拿苏格拉底开玩笑。他讥讽说，人们跟苏格拉底学哲学，虽然不能学到智慧，

知识之光

但学了至少可以知道世上的人是多么愚蠢。这个笑话其实意味深长。哲学虽然不能使人智慧，但能够让人见识思想的大世面，见识各种深刻伟大的问题，尽管这些大问题几乎都是无解的，但这些问题是大世面。见没见过世面，这很重要。正如生活中见过世面、经过风雨的人能够成为英雄好汉一样，思想上见过世面就不会被那些貌似警句的废话所雷倒，就不会被长得很像大师的骗子所忽悠。见过思想的世面，即使得不到真理，也至少能够不为浅薄意见所欺骗。

在知识体系中，哲学和所有其他知识的确有点根本不同。严格地说，哲学根本就不是一种知识，这就是那个希腊年轻人说不出学了哲学之后"会干什么"的原因。当我们学到一种知识就会知道一些事情，可是哲学并不能使我们多知道一些事情，而只能让我们去多想些问题。比如说，科学能告诉我们，世界上的事物原来是如此这般的，但哲学做不到这一点，它告诉我们的是：我们能够这样看世界或者那样看世界，而且，这样看世界有这样的效果，那样看世界有那样的境界。这就是说，哲学不能增加知识，但也许能提

燕雀安知鸿鹄之志

高思想水平。哲学这个词本来的意思是"爱智慧"，这意味着，哲学所热爱的是智慧而不是知识。

哲 学 的 用 处

哲学到底有什么用处？这个问题看起来简单，但它其实即使对一个哲学家来说也是一个难题。别的思想方法有什么用，我们都很清楚：科学方法能够发现自然规律，逻辑方法能保证正确的分析和推理，艺术方法可用于创造作品，可是哲学的方法能用来做什么呢？如果说，哲学只是让人见见思想的世面，让人的思想变得大气而不小气，这当然很好，但恐怕不够。哲学还必须证明它的必要性。既然有了其他思想方法，我们为什么还一定需要哲学方法？如果我们真的需要哲学，它就必须有某种不可代替的用处。说得再明确一些，哲学所要做的那种"更进一步"的研究真的很有必要吗？这种疑惑并不是一点道理都没有，因为即使没有哲学，人们也照样生活和思考，照样劳动生产，照样生儿育女，照样发动战争，照样追求利益和荣誉，江山照样如此多娇，浪花照样淘尽英雄。但奇怪的是，不管人们是否愿意思考哲学问题，人类思想总是自然而然地产生出哲学问题。看来，当思想深入到一定的层次，哲学就成为必需的。没有哲学的思想是不健全的思想。

人的所作所为，有一小部分是本能的，比如见了美女，全都好逑；见了猛兽，尽皆鼠窜；遇到灾难，避之如鼠疫。但人的行为还由思想所决定，思想告诉我们什么是对的、什么是错的，什么是真的、什么是假的，什么是好的、什么是坏的，怎样做是有效的、怎样做是无效的，怎样做是有利的、怎样做是不利的，如此等等。总之，思想指导人们进行更复杂更有利的选择，而不会为本能冲昏头脑。然而，我们又怎么能够知道哪些指导性的思想是可靠可信的呢？那些指导性的思想会不会实际上把事情搞错了？无论如何，任何一种指导性的思想，它本身都有可能是错误的，所以，我们不能盲目地相信某一种思想观念，不能因为许多人相信某种看法就随波逐流，也不能因为某种观点好像振振有词就相信它，更不能因为某种说法看上去很美就相信它。俗话说"三思而行"，不过，这个成语是错的，孔子本来说的是，不用三思，再思就可以了，大概相当于说，事情总是需要反思的，没有经过反思的思想是危险的。

学而不思

随便哪一种看法，不管它把世界和生活看成什么样，这种看法并不能证明它自身是真的。这其中的道理类似于维特根斯坦说的，眼睛能看见各种东西，却看不见眼睛自身。当然，这个例子并不是最恰当的，因为，自己虽然看不到自己的眼睛，但别人能够看到你的眼睛，这相当于可以参考别人的意见，而且，镜子也能够让你看到自己的眼睛，这相当于自我反省。尽管别人的意见和自我反省不见得就是正确的，但或多或少是关于自己眼睛的一种知识。更准确的例子是尺子，尺子能用来度量各种东西，却不能量尺子本身。尺子的度量方式完全是人为约定的，这种约定是否合适，这才是真正超出知识的问题。要把一种规定硬说成是合理的，我们只能根据"更进一步"的规定来充当道理。同样，一种看法，或者一种思想，也不能证明它本身是正确的，这相当于，我说"我是正确的"并不算已经证明自己是正确的。因此，我们必须对思想观念进行"更进一步"的研究，通过这些研究来判断这些思想观念有什么意义和价值，好知道该不该相信这些思想观念。这就是哲学的根本用处。由此也可以看出哲学与其他各种思想的一个重要区别：其他思想是面向外界事物的，它们对外界事物做出各种解释，哲学则是面向思想本身的，也就是思想对思想的自身解释，所以哲学是一切思想的思想，哲学要为一切重要观念的合理性给出证明。这种证明是无比艰难的，我们将看到这一点。

开 路 而 行

正是由于各种思想观念无法解释自身，才需要哲学来对它们的合理性做出解释，这使哲学成了一种思想的冒险。各种专门的思想观念按它们自己的思路走到了终点，前面已经没有路了，却留下了许多无法解释的问题，这些问题虽然是哲学的出发点，但是这种出发点根本没有指出前进的方向，更没有指出目的地，这使哲学从一开始就处于不知往哪里走的境地。人们喜欢相信：走的人多了，就成了路。对于思想之路，事情并没有那么简单，人多走错路也是有的，而且，在知识尽头处找路，这时候三个臭皮匠是凑不成诸葛亮的。

许多哲学家都意识到了智慧之路的困难。老子早就说过："道可道，非常道"。这句名言的正确解释应该是"凡是有规可循的道就不是普遍之大道"。哲学想要把握的正是大道，而问题就是不知怎样才能发现大道。海德格尔曾说，哲学就像一条路，如果要知道什么是哲学，就必须能够走出一条哲学之路，才能说出哲学是什么样的，可是，我们又必须事先知道哲学是怎么回事，然后才能走出一条哲学之路。这是一种思想的循环。维特根斯坦关于哲学之路有着更生动的说法，他说，哲学家就像在瓶子里的苍蝇一样，看得见外面的世界，就是找不到出路。

在哲学面前没有现成的路，因此，哲学永远都在开路。开路而行是冒险，但也将带来思想的新境界。要开一条好路，关键在于修路的工艺，至于路的方向则是相对次要的事情，因为，既然事先没有一个确定的方向，哲学思想就是自由的，所以，哲学的方法甚至比哲学的方向更重要。据说，在社会上做事情，"做正确的事比正确地做事更重要"，而在哲学中，似乎更应该说"正确地做事比做正确的事更重要"，因为对于哲学这种最自由的思想来说，没有哪一条路是不许走的，也就无所谓哪一条路是正确的或错误的，好的哲学与坏的哲学的区别只在于是不是以正确的方法去思想，而与什么主义无关。

维特根斯坦给苍蝇指路

平常心，异常思

　　哲学的方法多种多样，各有所长，但有一个共同点，这就是"平常心，异常思"。"平常心"指的是哲学所思考的问题都必须与真实生活的问题有关，哲学家以平常之心去对待生活给思想提出的各种问题。就思想的潜力而言，思想的可能性无穷多，人们可能会想到一些非常离奇而引人入胜的问题。但是真正的哲学对那些不切实际的问题不感兴趣。哲学虽然深刻，但并不荒谬。有些荒谬的问题貌似深刻，但如果完全脱离实际生活，就只是一种无用无聊的深刻。确实有一类坏哲学，喜欢玩弄一些深刻但实际上很无聊的问题，甚至沉溺在貌似深奥其实糊涂的概念和语词里无法自拔。

　　好哲学虽然怀着"平常心"，却有着"异常思"。哲学所思考的虽然是一些很平常很普通的问题，但是，思考角度和方式超凡脱俗、异乎寻常，这正是哲学思想方法的价值所在。哲学的方法使我们能够获得超出知识

灵魂自救

范围的智慧，而正是那些充满智慧的理解方式始终在不知不觉地改变着、塑造着人类的整个思想风格和结构。可以做一个比较：科学不断增加人类的知识、扩大人类的视野，哲学则不断增强人类的思想能力、更新着人类的眼光。这也正是知识和智慧的不同用处。那么，哲学的"异常思"到底异常在哪里？这很难概括，不过哲学往往从某种与普通思想方式不同的思想方式去重新思考问题，它能够开拓更多的思想可能性，从这个意义上说，智慧总是具有创造性的。与好哲学相比，坏哲学虽怀有异常心，却只有平常思，总是用稀松平常的思想方式去想一些离奇的问题，就好像企图在手工作坊里制造宇宙飞船一样。

1. 追　问

问题是晦涩的，人生是短促的。

——普罗泰戈拉

1.1　提问的规则

第一种哲学方法是追问。虽然追问只是哲学的基本功，但并不简单，尽管每个人都会追问，却不见得都会正确地追问。通常有两类追问，不妨叫做"加式追问"和"减式追问"。

加式追问就是越问问题越多，不断地扩大和增加思考的范围和事物，就好像问题没完没了一样。每个人从很小的时候就已经学会这种加式追问，比如说，为什么要吃饭？因为要活。活着做什么？因为要工作。工作干吗？要赚钱。赚钱干什么？买饭吃……很多人都以错误的方式使用了加式追问，甚至连一些哲学家也是如此，因此必须掌握好追问的分寸。

　　首先要知道为什么要追问。很显然，必定是因为我们对一些事情有所不解，用我们所具有的知识无法对它们做出令人满意的解释，于是就进一步追问，力图发现尚未发现的某种隐藏着的"真正的"答案。这有点像警察破案的情形。比如说，当种种迹象表明有个死人不像是自杀，警察就会认为在某个地方隐藏着凶手，如果某个人被发现很可能是凶手，但又看不出有什么犯罪动机，警察就会相信一定在背后隐藏着惊人的秘密故事，万一最后发现实际上没有什么惊人故事，那就只能是精神病了。总之，关键是我们愿意相信，事情总有一个背后的原因，问题总要有个解释。也许我们认为存在某种隐藏着的东西，但这其实只是个假设，这种假设有可能是对的，也可能是错的。怎样证明我们的假设是对的还是错的？光有推理和想象是不够的，必须找到一些实实在在的证据。

　　在这里我们接触到了问题的关键。证据总是一些事实，事实本来就存在，如果一个东西不存在，它就不是事实而只是头脑里的一个想法。如果所有事实都摆在面前，而我们对其中一些事实视而不见，那是我们自己的过错。但是，假如我们确实看清了事实，仍然无法解释心中的问题，我们就喜欢相信有些东西是"隐藏着的"，可是这极有可能是错误的。一个问题无法解释，有可能确实是因为有些秘密隐藏着，也有可能是我们自己提错了问题。我们不断追问，寻找问题的踪迹，以至于成为一个习惯，或者一种使命，即使已经没有踪迹，我们也会自己编造一些问题，对这些问题当然是不可能解答的。

对于这一点，维特根斯坦很清楚。他指出，如果一个问题是有意义的，它就必须能够有一个答案，而这个答案必定存在于事实之中，超出事实的范围去追问是无意义的。追问一旦越出事实的范围就不会有答案，没有答案的追问就是无意义的胡追乱问。超出事实可能性的事情是做不成的，同样，无意义的追问也是想不成的。可是，无意义的追问虽然注定没有结果，但追问本身有一种诱惑力，无意义的问题堆积多了，感觉也好像是思想在不断深入发展，这种感觉很"哲学"，以至于哲学家有时也会忍不住陷入这种无意义的追问。

事物背后总隐藏着真相吗?

比如说，通常所见的事物都有原因，于是我们就用因果观念去理解种种事物。哲学家进一步相信，每个事物都有原因，理由是，如果没有原因就无法理解事物的发生。既然每个事物都有原因，自然就会想到事物之间有着很长的因果链条，顺着这个链条就能一步步去追问事物的根源。这个因果链条总该有一个开端，不然就不会出现这个链条，于是哲学家又推论出存在一个"绝对原因"或叫做"自因"的东西，就是说，那个作为开端的事物必须既是别的事物的总根源，又是自身的原因，否则就不是开端，而应该有更进一步的原因。这个"绝对原因"很像宗教里的上帝。这种追问从表面上看好像大大深化了思想，使思想海阔天空，实际上却是十分可疑的：第一，"每个事物都有原因"这个前提永远都是一个可疑的假设。如果要证明这个前提，就必须能够考察每一个事物以求得证据，因为事物无穷多，所以永远也不可能考察完"每一个事物"，接下来所做的推理即使正确也不能保证是真的。第二，这套推理的结论是自相矛盾的。一方面，必须有一个绝对原因，否则不能解释万物的产生；另一方面，这个绝对原因又必须是自身的原因。这意味着，绝对原因在生出自己之前只能是不存在的，既然不存在，就不可能去生出自身。

诸如此类让人烦恼又让人着迷的问题创造了所谓的形而上学。如果不考虑一个问题是否有意义，那么，形而上学问题在纯粹思维上都是非常有趣的，而且想也想不完，不管想成什么样，都无所谓对，也无所谓错，这很容易让人乐不思蜀。不过，几乎所有的当代哲学家都知道这类追问是无解的，而且多数哲学家还认为这类问题不值得追问。但这并不表明形而上学没有思想价值，形而上学虽然缺乏真值，却另有价值，这要另当别论了。

1.2　解答的规则

另有一些哲学家并不想追问到过于遥远的地方，而只想就地深入追问，这种追问往往是想揭示事物现象背后的本质。在这种追问中，哲学家同样很容易欺骗自己。本质在现象中是无法直接看到的，否则本质就只不过是现象。哲学家希望能透过现象看本质，其实就是隔着现象猜本质。这有点像猜谜，即使你很有信心地认为自己猜对了，也只有在亮出谜底之时才能真正知道是否猜对了。本质就像装在一个永远打不开的箱子里的谜底，即使我们碰巧猜到了本质是什么样子，也无法证明真的猜对了。这是希腊哲学家早就发现的知识论的一个根本困难。有个"美诺悖论"是这样的：美诺对苏格拉底说：哎呀，苏格拉底，你这是在干吗呢，你说要去寻找所不知道的东西，可是既然那个东西是你不认识的，你就算遇到了它，也认不出来呀，还不是一样错过了那个东西？

然而，有的哲学家仍然会以为唯有自己猜对了世界的本质秘密。为什么会产生这种过于自信的错觉？这是因为，哲学家"说出的谜底"好像总是能够解释得通万物万事，既然好像都说得通，那不就是万物之理了吗？假如有的哲学家认为"任何事物都有两个方面"，这总能说得通，总能够发现事物果然都有两个方面，比如事物都能够说成有"阴阳"两面，当然，也能够说成都有"肯定和否定"两面，如此等等。不过，假如你认为"任

透过现象看本质

何事物都有三个方面"或者"四个方面"、"五个方面",
诸如此类,你也会发现这些断言统统都说得通,把事物
说成三个方面或随便多少个方面都不难,比如把事物说
成有"正反合"三个方面,或者有"水木金火土"五个
方面。所有这样看法都随你编,都算对,可就是没一种
管用,没有一种必然对。问题就出在这里,一种"万能
的"看法就像一种包治百病的"万能药"一样,基本上
没有用处。一种对任何事物都对的看法等于对任何事物
都无关痛痒,随便说就等于什么都没说。那些关于本质
的看法对认识世界的任何一种事物都没有真正的帮助。
显然,如果一个问题允许任意解答,它就不是一个有意
义的问题,那些任意的解答也都没有意义。

1.3　思想的破绽

现在来讨论另一种类型的追问:减式追问。减式追
问与加式追问正好相反,它的目的不是扩大思考的范围
和事物,而是不断地给现有的各种看法打折扣,不断削

弱我们的各种信念，不断证明我们所确实知道的事情并不像我们想象的那么多，所以说这种追问是减式的。当思想过度膨胀时，减式追问就比加式追问更为重要。在加式追问中人们常常想得太多，思想时常出界，减式追问却有着很强的界限意识。在我们的头脑中，糊涂的想法总是比清楚的想法要多得多，从这个意义上说，减式追问正适合用来帮助我们放弃糊涂的信念。

减式追问是抓住思想破绽的一种方法。在什么情况下思想可能出现破绽？那就是当你说出比较重要、比较有价值的话时，要是只说完全正确的话，就只好说废话了。假设现在天正下着雨，我毅然决然地说"此时此刻天在下雨"，像这样的话当然不会有破绽，然而，这种话虽无破绽，但它所断定的事情小得不值一提，它的思想价值也就微不足道。假如我说"只要阴天就下雨"，这话就大了，大话的破绽就很多。这意味着，一种思想所覆盖的可能性越多，就越有可能出现破绽，但它的思想价值也就比较大。说大话虽然雷人，但容易出错；说小话虽然忠厚老实，却又没意思。相比之下，人们还是更爱说大话，哲学的话往往是些最大的话，因此，破绽也就特别多。

寻找思想破绽主要有两项技术。一是找出一个反例，比如说，我说"只要阴天就下雨"，你只要举出有一天是阴天但没有下雨，就足以证明我在胡说八道。举出一个反例是一项臭名昭著的技术，它虽然捍卫了思维的严格性，却破坏了思想的想象力和美感。事实上，在人文社会科学里，思想的断言并不要求在任何情况下都无懈可击，比如，我们可以说，人都追求幸福和自由。可是，如果非要抬杠的话，当然能够指出有个别人如此变态以至于并不想要幸福和自由。问题是，尽管举出反例是对的，但这绝不是思想，而且对思想无益，反例很可能会误导问题。比如，当指出人都追求自由，这是为了论证一个好的制度必须保卫人的自由，很显然，制度要考虑的是"人们"的一般要求，而不需要考虑个别变态的要求。因此，滥用反例技术对于哲学是灾难性的，反例技术必须慎用。

第二项技术是找出一种思想自身所包含的不合理要

求。一般来说，一种思想容易暗含两种不合理要求：
（1）主观主义特权。比如说，有人认为下象棋时第一步
走当头炮就能战无不胜，这个想法在结果上虽然是可
疑的，因为当头炮不一定总能赢，但是这个想法本身
是可以理解的。但如果有个人要求他的车能斜着走，
他的炮能跨两个棋子，等等，这就是要求不合理的特
权。同样，有的思想断言"我认为事物是这样的"，而
"事物是这样的"的证据就是"我认为"，这就是主观
主义特权。（2）破坏性的自相关。比如说，"每句话都
是假话"，它就同时在说这句话本身也是假话，这将导
致悖论；有趣的是，"每句话都是真话"也是自相关
的，却说得通，可见说坏话比说好话要难得多。思想
要说大话是可以的，但是不能搬起石头砸自己的脚。
不喜欢逻辑的人可能会反对逻辑，可是反对逻辑也不
得不使用逻辑，还有一些貌似"大师"的人喜欢说，
任何语言都无法说出真理，这种说法恰恰证明了它自
身不是真理，而是胡说。

1.4　两种风格

　　有两个哲学家，苏格拉底和维特根斯坦，是追问的高手。苏格拉底经常用追问迫使对手承认自己很无知而放弃原来的信念。我们可以学习他的榜样去追问。假设有人认为"说谎是坏事"，我们就可以指出，当有个歹徒在追杀好人时，为了救好人，理所当然可以欺骗歹徒让他走错方向。这时对方不得不承认，对坏人说谎是好事。我们又可以指出，当好人碰到困难，又不愿意让别人帮忙时，为了帮助他，我们不得不说谎，编造一些他能接受的理由。这样，对方又只好承认，在有的时候也可以对好人说谎。假如有人说，所有人都认为是好的就是好的，这一点显然也说不通，因为人们集体犯傻也是有的，而且人们从来就意见不一。又如果说，多数人说好的就是好的，这也恐怕不正确，因为真理往往在少数人手里。比如说，有一天发生了盗窃案，某人以前偷过东西，于是大多数人认为又是他偷的，结果事实证明是那个最道貌岸然的人偷的。道貌岸然的人其实最可疑，事情往往如此。再假如说，一个人自己觉得是好的就是好的，这种主观主义观点虽然雄壮，可是，如果每个人都有自己的标准就等于没有标准，就好像每一把尺子的刻度都不一样，事情就乱了套。而且，每个人自己的标准也是没准的，今天这样，明天可能又变了。如果一把尺子能够随意伸缩，还能有什么用？诸如此类。这说明了，很多事情，我们以为很清楚，其实很糊涂。以这种方式追问下去，会发现问题和破绽越来越多，最后只好承认，我们其实连好坏对错真假善恶这些基本观念都不清楚，我们不知好歹，我们不明是非。

我们再来感受一下维特根斯坦风格的追问。比如说，神秘主义者认为，有些深刻的真理只有自己能够领会，别人却无法理解。既然神秘主义者说他已经领悟到了某个道理，这等于是说，他以前没有领悟到，但现在领悟到了这个道理，那么，我们就可以追问，在他领悟什么东西是真理之前，又怎么知道应该去寻找这个道理而不是别的东西？如果说他事先知道应该去寻找什么，就等于说本来就已经知道那个道理。这就像当我丢了一把钥匙，我当然知道我是去找这一把钥匙而不是别的东西，可是显然我不能说，我不知道是否丢了东西，但我还是要出去找一找，这是精神病。假如神秘主义者又说了，我虽然不知道要去找什么，但我有超乎常人的直觉。我们就又可以问，他又怎么能知道他那个直觉是可靠的？直觉本身没有确定方向，直觉有可能引导人们走正道，也可能引导人们走邪路，即使碰巧找到了真理，也绝不可能碰巧知道那就是真理。假如可以说"我碰巧知道那是真理"，就不得不接着说"我碰巧知道我碰巧知道那是真理"，也就不得不说"我碰巧知道我碰巧知道我碰巧……"，这种没完没了的"碰巧知道"只不过是一笔没完没了的糊涂账，它只能证明我一直到现在还不知道，而且将来也不知道我是否真的知道。维特根斯坦嘲笑说，试图用自己的想法证明自己的想法的可笑程度不亚于为了使自己相信报纸上的话而买回好几份同样的报纸。

2. 辩　证

蠢人无论听到什么说法（logos）都如获至宝，兴奋不已。

——赫拉克利特

在中国，辩证法大概是人们几十年来最熟悉的思想方法，但恐怕也是被误解得最严重的方法。在生活中经常能听到有人说一件事情要"辩证地"看，平常所说的"辩证地"看问题大概是说事情总是在变化所以事情都没准的，或者，一件事情不能绝对地说是好还是坏，因为每件事情都是又好又坏的。这些都是对辩证法的歪曲，它把辩证法搞成了变戏法。最糟糕的是，当有人说到要"辩证地"看问题时，往往是想为自己的无能和错误辩解，一旦事情搞砸了，工作没做好，就可以说从辩证的角度看，坏事其实也是好事。这是典型的颠倒黑白。

辩证法最初的意思是在对话辩论中互相批评从而促进

认识，它是古希腊的发明。古希腊政治的主要形式是在广场（agora）上就城邦大事展开公开辩论，正是广场政治创造了辩证法。因为是公开辩论，所以人们被迫要讲理，如果不讲道理就会被视为无赖，不讲理者得不到大家的支持，因此绝无胜算。无理就出局，这一点决定了逻辑和证据的重要性。因此，辩证法的意思是讲道理、讲逻辑、讲证据的对话辩论，在各种道理之间的对话、论证、比较和改进中，人们能够获得比原先意见更为合理的观点。从某种意义上说，辩证法是一种思想的比赛，各种观点通过比赛得到提高和改进，就像运动员通过比赛使水平得到提高一样。

后来，黑格尔对辩证法的重新理解改变了辩证法的意义，他对辩证法的歪曲曾经一度被认为是一个大大的发展。不过从今天的观点来看，黑格尔式的辩证法是荒唐的。辩证法本来只是对话博弈模式，黑格尔却把辩证法说成思维规律，进一步又说成世界规律。最离奇的是，黑格尔还把辩证法搞成了历史发展规律，相信辩证法能够解释历史有个最终目的和终点。这些都是没有科学根据又不符合逻辑的幻想，其中的灵感恐怕更多地来自基督教而不是古希腊本来的辩证法。

黑格尔的辩证法

　　黑格尔辩证法中有一个经常遭到嘲笑的看法，就是认为事物总是经过三个发展阶段才能完善。为什么非要"三个"而不是更多或更少的阶段？实在缺乏理由和证据，属于奇谈怪论。事物其实有可能一开始就已经完善，也可能经过无数个阶段还不完善，这根本没有准儿。黑格尔在谈到世界文明时，认为以中国为代表的东方文明是最低阶段，古希腊罗马文明是第二阶段，德国文明则是最完美的第三阶段。这是黑格尔辩证法的最荒谬的应用，恐怕除了黑格尔自己，很少有人相信这一说法。每一种文明按自身的标准都可以把自己排在最完美的阶段，可见这种辩证法毫无学术意义，只是一种虚构的故事。

　　黑格尔辩证法最严重的错误是以为辩证法既是思维的规律又是事实世界的规律。由于混淆了思想和事实这两类问题，那些辩证法规律就尤其莫名其妙。例如有一条规律说的是一切东西又对立又统一，黑格尔以为"对立"能够把思想中说的"矛盾"和现实世界中的"冲突和差别"概括在一起，其实这两类性质的差异是毫厘千里。思想中的"矛盾"说的是两个反对命题不能同时为真：￢$(p \wedge ￢ p)$，比如说"黑格尔是人"和"黑格尔不是人"这两句话只能承认其中一句，不能两句皆可。现实中的冲突和差别却要求双方一定要并存才有意义，比如"贫与富"、"好与坏"，我们不能只承认其中一种，而必须两种都承认。如果把这两类根本不同的性质概括在同一条"规律"中，结果不是搞乱了思想就是搞乱了现实。

一句话，辩证法还是古希腊的好。

3. 诡　辩

> 人们并不被事物所扰乱，而是被他们对事物的看法所扰乱。
>
> ——爱比克泰德

3.1　谁在犯傻？

和辩证法一样，诡辩术也是古希腊发明的，它们都是古希腊广场政治的产物。在广场政治中，谁都想让自己的话语胜出，这就要看谁说理说得更好，古希腊人比的就是谁的 logos（道理，合理的话语）更强。逻辑（logic）就是在 logos 大赛中发展出来的。如果一种观点的每句话在逻辑上都无懈可击，这样固然没有错误，但也没有魅力，绝对正确的话都是一些没有新意的话。如果能把有趣的甚至错误的话说得合乎逻辑，兼备逻辑与想象力之长，就需要一点妙计和技巧了，人们管这种用正确的逻辑去说错误的话的技艺叫做诡辩。

诡辩一直名声很坏，人们通常把诡辩术看作是以不正当的逻辑手段进行胡搅蛮缠的邪术。不过，人们虽然看不起诡辩术，但又感到它很难对付，这至少说明诡辩术也是一技之长。我对诡辩另有看法，偏要给诡辩说点好话。诡辩术实际上说明了思想中的另一种道理，如果能恰当理解，则能正当使用，或许还能够引出一些重要的启发。

为什么诡辩术能从无理之处搞出道理来？仅靠胡搅蛮缠是做不到的。胡搅蛮缠与诡辩在智力水平上相差甚远，切不可指鹿为马。有部电视剧叫"乡村爱情"，里面有一段这样的情节：一个人开别人的汽车轧坏了另一个人的自行车，在遭到索赔时，大概是这样说的：车是我开的，可车不是我的，你应该赖那车，哪能都赖我呀，再说你自行车坏了你有损失，那我还轧坏了我自己的庄稼，我的损失就不是钱啦？你老跟我说你的损失是什么意思呀？如此等等。这叫胡搅蛮缠，也许有趣，但不是诡辩。诡辩术利用的是高明的逻辑方法，据说，高明的诡辩术"能够驳倒任何命题"。

古希腊的智者派哲学家善于诡辩也喜欢诡辩。有一个众所周知的诡辩是这样的：如果让乌龟先爬出一段距离，那么即使是飞毛腿阿基里斯也永远追不上乌龟，因为等阿基里斯追到乌龟原来的地方，乌龟又已爬出去一小截，等阿基里斯又追上时，乌龟又再爬出一点儿，总之，阿基里斯只能无限地追近乌龟但总也赶不上。当然，这一结论在事实上是错的，但奇怪的是，这一在物理学上有毛病的论证在逻辑上却没有毛病。这个诡辩虽然十分有名却还不足以搞乱脑子。另有一个更精彩的诡辩是这样说的：一粒米落地时听不到响声，那么加一粒"没有声"的米变成两粒米，落地也应该没响声，再加一粒米，三粒米还是没响声，以此类推，一整袋米落地也不会有响声。这同样是事实上错，逻辑上对。

这回阿基里斯真的追不上乌龟了

智者派哲学家热衷于故意证明一些明明错的事情，以此显示其高明技艺，迪翁尼索多鲁斯就当众论证克特希普斯的爸爸是条狗，这个令人汗出如浆的强大论证是这样的：

迪翁尼索多鲁斯：你家有条大狗，还有小狗，对吗？

克特希普斯：是呀是呀。

迪翁尼索多鲁斯：大狗真的是那些小狗的爸爸吗？

克特希普斯：那还有错？我亲眼看见大狗和小狗的妈妈在一起来着。

迪翁尼索多鲁斯：大狗真的是你的吗？

克特希普斯：确实是我的。

迪翁尼索多鲁斯：那么，大狗是你的，并且他还是爸爸，所以大狗是你的爸爸，小狗是你的兄弟。

据说，这个论证的逻辑是对的，如果按照数理逻辑，就更可信了。

人们习惯于从事实的角度去评价诡辩，总是根据事实去说它是错的，这种批评固然正确，但没有理解诡辩

家的深刻意图。诡辩家自己也应该知道那些诡辩在事实
上是错的，他们不至于真的想否认事实，睁眼说瞎话，
那样就没意思了。以为诡辩家在胡说的人并没有仔细想
一想诡辩到底说明了什么问题。其实，"事实上错，逻辑
上对"这种怪事是为了说明：思想的情况和事实的情况
是不同的，思想中的真理和事实上的真理是不同的真理，
这两种真理各有各的用处，思想上正确的未必事实上正
确，事实上正确的也未必在思想上正确。例如，逻辑定
理与事实的真理就常常不一致。有一条逻辑定理说的是
"任意一句假话都能推出任何一句话"，这听上去十分荒
唐，据说真的有人要罗素从"2＋2＝5"推出"罗素是教
皇"，头脑特别好使的罗素给出了以下的证明：

（1）假定 2＋2＝5；

（2）等式两边各减去 2，得出 2＝3；

（3）易位得 3＝2；

（4）两边各减去 1，得出 2＝1；

（5）教皇与罗素是两个人，但既然 2＝1，教皇与罗
素就是一个人，所以罗素是教皇。

罗素和教皇是一个人

这算笑话吗？如果是，那也是意味深长的笑话。我喜欢罗素，他有脑子。

3.2　并不荒谬的怪论

　　思想和事实是两回事，就像是两个世界，面貌不一样。思想并非事实的镜子，但有相通之路，它们之间能够沟通，理解这一点很重要。数学中讲到的点、线、面、平行线、三角形、圆形等，在事实上都是不存在的，它们只是思想中理想化的东西。思想与事实的联系只是表现为思想可以有效地应用到事实中去。

　　前面的那几个诡辩只是给僵化头脑敲敲警钟，除此之外并没有什么用处，因为它们的确很荒谬。为了证明在事实上不合理的思想可以是非常重要的真理，我愿意举出一个在数学中伟大的奇谈怪论，数学家能够坦然接受，但有可能将某些哲学家雷得外焦里嫩。数学家康托发现，偶数的数量和自然数的数量一样多（奇数也同样）。可以这样证明，你在一边写出 1、2、3、4、5、6……，在另一边对应地写出 2、4、6、8、10、12……，由于数是无穷多的，因此，这两个数列可以无穷地一一对应下去。按平常感觉会觉得奇怪，因为自然数"明明"比偶数多出一倍，然而，既然偶数也是无穷数列，它就足够与自然数这一无穷数列一一对应，所以，偶数和自然数同样多。由此不难看出，有些违背感觉和事实的事情在思想领域中是完全正确的，而且很有用。同样，在哲学中，有些诡辩同样有可能对思想是有用的，而且也是正确的，至于在事实上是否正确，却是另一回事了。

也许有人会说，数学是数学，生活是生活，在数学中可以有奇谈怪论，生活中却不行，因此我想举一个生活中的真实怪论。古希腊智者普罗泰戈拉精通法律和诡辩术，他有个穷学生交不起学费，普罗泰戈拉愿意帮助弱势群体，有心为和谐社会作贡献，于是就答应他先免费上学，等他毕业后打赢第一场官司赚到钱再补缴学费。可是这个学生毕业后改行了，一直不去打官司，也就总不给普罗泰戈拉交钱，普罗泰戈拉上法院告了这个学生。糟糕的是，这个学生深得真传，诡辩功力和普罗泰戈拉已在伯仲之间。学生在法庭上说：如果我输掉这场官司，那么我就还没打赢过官司，按照法律承认的协议，也就不用向普罗泰戈拉交钱；如果我赢了这场官司，就意味着法庭驳回了普罗泰戈拉要钱的请求，那么，按照法律规定，我还是不用交钱，总之，无论输赢，我都不用交钱。对此，普罗泰戈拉反驳说：如果学生输掉这场官司，既然输了，就说明我的要求是正当的，那么他就必须交钱；如果学生打赢这场官司，他就赢过了第一场官司，那么他还是必须交钱，总之，无论输赢，他都必须交钱。至于晕了的法官怎么判就不知道了，反正这是一个真正的难题。当然，这样的真正难题也难不倒生活，思想没有弹性，而生活可以变通，不管怎样解决，总有某种解决之道。据说，如果从单纯的法律角度去看，法庭应该先判学生胜，然后开第二场官司，再判学生还钱。不过这个纯法律的解决似乎并没有在思想上完全解决这个逻辑悖论。

4. 唯 美

世界的意义必定落在世界之外。

——维特根斯坦

哲学特别喜欢完美的、理想的、绝对的、普遍的、总体的东西，这些东西让人踏实放心，让人觉得一切事情都有根据、有规律，因此世界和生活才是可靠的，才可以安身立命。但是，那些完美的、理想的、绝对的、普遍的、总体的东西都是看不见摸不着的，所以只能想象。哲学给人类想象出来一些让人觉得可以安身立命的根据和原理。不过，哲学的想象与一般意义上的想象有些不同，它不是幻想一些满足心理需要的事情，缺什么就想什么的那种，也不是想象一些超现实的奇异事情，什么不靠谱就想什么的那种，哲学想象的是能够解释一切、覆盖一切、综观一切的东西，就是按照最大的尺度去想象的那种东西。只有最大的想象才足够安顿一切事物，这种最大的想象语境就是形而上学，它是理解和解释世界的原理，是关于如何容纳安放一切事物的原理。这一点也使哲学的想象区别于宗教的想象。宗教也是对世界的想象，但它不是为了理解世界，宗教是要为事物建立一种甄别标准，不是用来安顿万物，而是用来驱逐和消灭某些事物，那些不合宗教价值观的事物。如果说哲学提供了理解一切事物的理由，那么可以说，宗教提供了反对某些事物的理由。

万物的形而上学原理是如何想象和构造出来的？虽然哲学家们所想象的万物原理的具体说法各有不同，但想象的方法论却是一致的，形而上学的方法论是唯美主义，就是说，世界和万物原理是按照美学标准去想象的。这不是因为哲学家对美更加敏感（显然并非如此），而是最为自然而然的一种选择，别的选择才需要特别的解释。哲学家选择了唯美主义标准去构造形而上学，其理由说白了很简单：既然我们没有办法获得关于世界和万物的总知识，而只能去想象，那么，美学尺度就是最让人舒服的，美学标准正是人们最喜欢的生命感觉和生活经验的形式。人们以对称、均衡、循环、多样统一、和谐等唯美标准去想象万物原理时，这些美学形式不仅是人们喜欢看到的，同时它们与人们对生活的追求，比如公正、稳定、安全、生命、丰富和幸福，也是一致的。当以美学标准去想象万物原理时，感觉的原则就转换为存在的原则，我们就构造了一个向我看齐的世界，一个让我们安心放心舒服愉快的世界。哲学家们一直以唯美主义原则想象万物原理，但未必反思到了这一秘密，不过维特根斯坦是知道这一秘密的，在他看来，形而上学，还有伦理学和美学，都显示了超越性，在根本上都是一致的。可以说，形而上学是一种特殊的美学。

既然关于世界万物的形而上学只是一种想象而不是知识，那么它就不需要是真的，也无所谓真值，无所谓真假。换句话说，形而上学没有必要与世界相似。但是有一个问题，形而上学所想象的万物原理却是知识的基本假设，它们是人类全部知识的必要假设，知识就建立在那些不可证明的假设之上。这样想来，事情就有些严重了，我们似乎有理由去担心所谓的知识和真理其实是不可靠的。知识的根基一直是哲学的一个难题，先不管它，我们只要搞清楚形而上学并非真的是万物之理，而只是思想之理，就可以了。

哪只是拯救之手？

形而上学的万物原理所起的作用有些类似于逻辑的作用。逻辑规律只是思想的规律，并不是事物的规律，所以逻辑与事物并不很像，比如说，矛盾律就仅仅是思想所需要的逻辑条件，真实世界的万物并不构成矛盾，最多存在差异和冲突。矛盾的东西不能同时为真，而冲突的东西却可以同时为真。同样，排中律就更是思想的独特原则，真实世界只要有无间断的变化，也就不能要求非要排中不可，一个事物完全可以既是这样又不是这样的，只有观念才不可以是两可之辞。与此类似，形而上学的万物原理也不一定符合万物的真实情况，齐一律（uniformity）断言万物具有统一性，这很有用，因为只有把万物看成是统一的，科学知识才得以成立，准确地说，归纳的经验知识才得以成立，因此，我们非常需要这一假定。至于万物是否如此，不得而知，因为要证明这条原理也只能通过归纳去证明，这会搞成循环论证，而且，对万物进行全体归纳也是不可能的。又比如说，同样作为经验知识基础的因果律其实也是一个形而上学假定，同样无法证明，甚至，在一个事物的各种存在条件中，哪一个条件算是原因，也是我们想象和约定的，因为事物存在的每个条件都同样重要，它们本身比不出高低来。所谓原因，往往只不过是我们觉得构成问题的那一个条件，如此而已。

总之，世界观是我们的美学想象。

5. 变　通

上善若水。

——老子

　　大多数哲学，特别是西方哲学，通常都是追求确定性和绝对性的哲学，老子的哲学却是追寻不确定性和相对性的哲学，很是与众不同。老子想象的"道"是能够适应一切情况、一切变化、一切形势的万能道，据说这样的道才是根本的道。但是，这样的道实在难以把握，因为它试图在永远的不确定性中去做对每一件事情，这个要求实在太高了。要求太高也不好，即使是真理，也跟谎言差不多。

　　对付一切不确定性就是对付一切变化，随机应变，因势利导，在万变中把事情做通。西方哲学家中也有试图思考变化理论的，比如怀特海，不过中国哲学家思考的重点不在"变"而在"变通",是关于变通的知识而不是关于变的知识,也就是说,必须知道的是在变化中能怎么做,在变化中怎样才能行得通,这才是关键。这是一种关于动态存在的形而上学,一种关于不确定性的形而上学,虽然独特深刻,但难以理论化,因为千变万化的不确定性和相对性是无法用理论描述的,似乎只能意象化地领会。为了说明在一切变化中如鱼得水之道,老子使用了许多意象和文学化的描述,其中最为传神的就是"水"的隐喻。水是柔软的,没有固定形状,能够随任何形势而变化其形状,因此水适合一切情况,总能随遇而安、因地制宜、水到渠成;水也是柔弱的,决不争强好胜,而是谦逊的,正因为其柔顺,反而能够化解任何强力,所谓以柔克刚,以弱胜强;水又是无孔不入的,渗透力极强,不放过也不错过一切机会,因此水的选择永远是最佳策略。可以说,水的方法论就是道的方法论,也就是关于不确定性的方法论。

在某种意义上说,老子的道的方法论,以及比老子更早的孙子兵法,应该是世界上最早的博弈论。现代博弈论，尤其是纳什之后的博弈论，已经发展成为最重要的普遍思想方法论之一。现代博弈论是一种关于不确定性的不彻底方法论，它虽然要对付不确定情况，但仍然承认一些普遍的固定假定，比如经济人假定和理性选择假定，因此，现代博弈论还只是一种半不确定性理论。老子的博弈论是更为复杂的博弈论，它几乎没有任何假定，就是说，一切条件都是不确定的，每个语境都是不确定的。充分复杂的博弈论无法理论化，这既是哲学上的深刻，但也是技术上的弱点。现代博弈论的优势就在于它的技术是能够理论化的，因此是可以普遍理解的，而老子式的博弈论是"不可理喻"的。

6. 怀　疑

最好的事情就是不作任何判断。

——皮浪

6.1　不置可否

一个人如果什么都不怀疑，那么这个人根本不会思想。什么都不怀疑，别人说什么你就信什么，满脑子都是别人的想法，这不算是你在思想。不过，如果什么都怀疑，这也不行，自己都不认识自己，会疯掉。

在哲学上，怀疑一件事情并不等于否定或者反对这件事情，只表示没有理由去相信也没有理由不信，不知道是该肯定还是该否定，因此存而不论。怀疑不等于犹豫不决。犹豫不决的意思是，有两种选择，都不错，或者都不好，所以不知道该选哪一种，犹豫不决其实是

原来本质和现象差不多

斤斤计较、患得患失所致。当怀疑一种东西时，态度是
很明确的：虽然没有理由否定它，但也没有理由肯定它，
那么就放弃关于这种东西的断言，而去寻找别的可靠的
东西。怀疑非常接近不置可否、不敢妄断的态度。人类
天性特别爱发表意见，随便一件事情，人们总能说出一
大堆看法和意见，意见虽多，值得相信的却很少。哲学
家为了保持清醒的头脑，就宁可采取不置可否的怀疑态
度。这是思想的谨慎。

怀疑论最早起源于人们对观念与外部存在的同一性
的忧虑，人们担心关于外部世界的知识其实是幻觉。古
希腊怀疑派哲学家就很怀疑人们对事物的看法和信念，
他们宁可信任对事物的感觉和经验。比如说，吃糖时感
觉到了甜的味道，甜的感觉是真实可信的，但要是断言
说"糖本身是甜的"，这就有些可疑了。怀疑派哲学家认
为，生活要靠感觉，不要靠看法，尤其不能依靠信念，
因为感觉有着"直接的"证据——我确实感觉到甜了，
可是看法和信念缺乏直接的证据。看法和信念只不过是
一些说法，是一些无稽之谈，你能够说成这样，我就能

说成那样，又怎么不行？又有什么证据能够证明这种看法是对的而别的看法是错的？那么，为什么看法总是不可靠的？就像人们喜欢说的，总是众说纷纭、莫衷一是？问题就出在看法立志高远，总是要给"事物本身"下一个判断，想说出事物本身是什么样的，试图一锤定音，而不满足于描述关于事物的主观感觉，就是说，不满足于主观性，还想获得客观性。可问题是，我们并不能认识事物本身，又怎么能知道我们的看法是对的呢？当然，也无法证明我们的看法是错的，因此，怀疑论哲学家觉得最好不要去妄断事物本身，只听从感觉就够了。

另有一些哲学家正相反，比如柏拉图这样的哲学家，他们愿意追求完美理想的东西，因此相信事物的理念，即确定了一个事物只能是如此这般的事物的定式。理念类似于一个事物的原版原型，感觉、意见、看法这些东西则都像是理念的影子，其中感觉尤为可疑，因为感觉最不稳定，一会儿这样，一会儿那样，没有准的事情又能让我们确实知道什么呢？因此，与其说感觉让我们知道，还不如说让我们受骗。在极端的情况下，甚至很难知道，我们是否真的有那样的一种感觉。比如说，如果心情过于紧张，明明没有人说话，也会好像听到有人在说话；而如果精神过于专注，明明有人大吵大闹，也会充耳不闻。现代心理学似乎证明了感觉确实有很不靠谱的时候。曾经有一个实验，心理学家让一个人突然冲进会场鸣枪然后跑出，接着马上询问在场众人看到的"罪犯"是什么样的，结果绝大多数人的感觉印象完全不正确，甚至有人把白人看成黑人。这多少说明，在很多时候，人们只不过看到了自己的想象而没有看见真实事物。

6.2　寻找不可怀疑的东西

如果有了怀疑之心，可疑的东西就处处可见，那么，是否能够怀疑所有的知识？怀疑派哲学家确实几乎不信任一切知识，他们不相信人们能够找到确定无疑的真理。罗素嘲笑怀疑派说："如果怀疑派彻底否认人能真正知道任何一种事情，那么怀疑派又是怎样知道这一点的呢？"看来，总会有些东西是不可怀疑的，哪怕不多。有些哲学家相信，如果从可疑的事情出发，一步一步地加以排除，最后就有可能找到不可怀疑的东西，那肯定就是真理的家园了。这时，怀疑由一种态度发展成为一种方法。

笛卡尔发明的"笛卡尔式怀疑"很有名。笛卡尔说，难道我不能怀疑我正坐在火炉旁边吗？能，也许我其实是梦见坐在了火炉边，还有，真的有个火炉吗？也许事实上并没有，全都是我在做梦，什么事情都可能搞错。也许有个魔鬼，狡猾无比，他决心永远给我捣鬼，使我永远上当受骗，最后我终于什么都不敢相信了，我认输，我承认，一切都是可疑的。但就在此时，怪事出现了："一切"当然包括"我"，当我怀疑我的存在，我便恰好存在。如果我不存在，魔鬼就无法欺骗我，可是魔鬼在欺骗着我，所以我一定存在。这正是魔鬼法术的破绽，魔法终于失灵了。笛卡尔说，我可以怀疑各种事情，唯独无法怀疑我正在怀疑，无法怀疑我正在思想，所以，"我思故我在"是天底下绝对不可怀疑的第一真理。

笛卡尔的确抓住了魔法的破绽，这其中有着很深奥的道理。可以用另一种有些相似的方法来说明这个道理，你能不能打一个肯定能赢的赌？似乎不可能，但其实你只要赌"我打赌我一定会输"，就能战不无胜。即使你输了，那也只好算你赢了，因为你赌的不是别的，正是你输。福克纳有篇小说《赌注》说的就是这样的一个故事：有个快乐英俊的小伙子山姆得罪了撒旦，山姆无论想要做什么事情，撒旦都施妖法使他事与愿违，最后山姆破解了这个秘密，他想要什么，他就故意赌自己得不到什么，结果当然是万事如意，过上了幸福生活，没有好好读书也有了黄金屋颜如玉什么的。

维特根斯坦也是使用怀疑法的高手。有些事情似乎实在是不可怀疑的，维特根斯坦却能把它搞成可疑的。例如，我们都知道，做事情要遵守约定规则，行为要遵守道德规则，说话要遵守语法规则，踢球要遵守球赛规则，等等，可是，怎样才算遵守了规则？一般的理解是，遵守规则就是只要情况相似，那么就一次次地按既定做法重复照办下去。维特根斯坦提出了一个怪问题：什么算作"总是照办"呢？这真的有准吗？真的能做得一模一样吗？如果有些走样，还算不算遵守规则？走样似乎是难免的，那么，走样走到什么程度才算遵守规则？

我思故我在

可以考虑这样一个例子。加法是大家熟知的一条算术规则，我们都知道，2＋3＝5，3＋4＝7，等等，我们按这种规则可以不断地对各种情况进行演算，不过，我们实际上演算过的"各种情况"总是有限的，这一点暗含了一个奇异的问题。假如有两个小孩，从来没学过加法，有个老师教给他们加法，在教加法时只教过两数之和小于或等于10这个范围内的例子，就是说，不超过5＋5＝10,6＋4＝10，3＋7＝10这种水平的演算。有一天这两个小孩偶然看见7＋5这个式子，它超出了他们学过的范围，其中一个小孩天才地想出应该是7＋5＝12，另一个却说7＋5＝10，谁正确遵守了规则呢？大多数人恐怕会认为第二个小孩傻得厉害，不过，维特根斯坦很可能会认为第二个小孩也是天才，虽然不是算术天才，却是哲学天才，因为他提出的不是算术问题而是更高明的数论问题。可以这样解释：既然教过的演算实例中最大的得数是10，这实际上蕴涵了这样一种理解："凡是足够大的得数都叫做10"，而7＋5的得数一定足够大，因此是10。这不是胡搅蛮缠。有的原始部落生活很简单，平时能用到

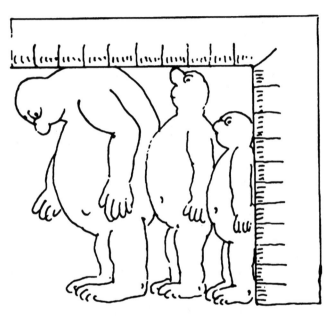

遵守规则就是确定一把标尺

的数目也很小，像 2＋3＝5，3＋4＝7 之类，他们的理解和我们一样，但大一些的数目就可能有不同的理解，比如说，足够多的东西就通通算作"一堆"，或者叫做100，于是，50＋50＝100，90＋20 还是等于100，100 只是表示足够多。当然，文明人需要的数目大得多，所以我们会想到 1 亿、10 亿以至"无穷多"。不过，"无穷多"到底是多少？我们不也是含含糊糊的吗？就像前面举过的康托的例子，自然数的总量"按道理"应该比偶数的总量多，可是难道它们不都是无穷多所以也就一样多吗？

看来，有些理所当然的事情其实很可疑，另一些可疑的事情其实是天经地义。

6.3 最重要的怀疑

怀疑论哲学家有着非凡的成就。我最喜欢的是这样两个怀疑论问题，一个是前面提到过的"美诺悖论"，另一个是休谟怀疑论。

"美诺悖论"是一个叫做美诺的人在与苏格拉底辩论

时提出的问题，这个怀疑论问题甚至早于古希腊怀疑论，也许可以算作最早的怀疑论问题，也是最深刻的怀疑论问题之一。苏格拉底认为人们不应当为混乱的看法所惑，而应该去寻找尚未知道的真理，美诺对苏格拉底说：哎呀，苏格拉底，你这是在干吗呢？你说要去寻找你所不知道的东西，这怎么能行呢？既然那个东西是你不认识的，就算遇到了它，你凭什么知道那就是你不知道而想知道的东西呢？既然你怎么都认不出来，那还不是一样错过了那个东西？这个怀疑确实很诡异，不难感觉出，虽然这个说法肯定不太对，但也暗含着很深刻的道理。苏格拉底和柏拉图试图解决这个难题，因此发展了影响深远的理念论，也就是后来的唯心主义。但是，理念论并没有很好解决这个问题，后来的古希腊怀疑论就给了理念论沉重的打击。简单地说，就算存在规定了事物本质的理念，可是我们拥有的只是主观看法，凭什么判断哪一个主观看法是与理念一致的？既然我们除了主观看法再不拥有别的，那么，对理念的断言也只不过是个主观看法。"美诺悖论"指出的"只知道本来知道的"这个的奇怪观点一直到康德那里才获得了比较合理的解释：虽然感觉不断为知识提供新材料，使知识不断更新，但用来整理构造知识的原理却是我们自己"本来就有的"。

另一个对哲学造成深远影响的怀疑论问题是休谟问题。休谟发现，哲学一直苦苦追求的关于世界的总体普遍知识，还有关于未来的知识，都是非常可疑的，都是不可能的幻想。其中的道理是这样的：假如我们想象了一种总体普遍知识，即使从理性的角度看上去很有道理，也不可能被证明，因为我们不可能穷尽万物而获得关于每一个事物的经验，去验证所谓的普遍知识是不是真的普遍，这在实践上是不可能的，经验的有限性注定了无法证明关于世界万物的任何一种普遍知识。同样，由于未来还没有到来，因此我们不可能提前去验证关于未来事物的知识，无论以往的经验如何丰富，关于历史的知识积累如何丰厚，都不可能以既有的经验推论出未来事物的情况，因为没有证据能够证明未来总是与过去很相似。因此，任何预言都不可能事先成立，关于未来的知识都是不可信的，我们只能满足于事后诸葛亮，而不能指望事先诸葛亮。

7. 先　验

理智的法则不是理智从自然界得来的，而是理智给自然界规定的。

——康德

先验方法特别值得一谈，它是一种看起来哲学味道很足的方法，是对思想和知识基础进行反思的主要技术，往往被称为先验论证（康德称之为先验演绎）。如果知识基础不成问题，不需要反思，先验方法就没有用处。可是，知识基础的问题层出不穷，因此，反思的知识就成为一种必要的特殊知识。许多哲学家都会不自觉地用到先验论证的技巧，其中的关键技巧与笛卡尔的"我思"的论证有关，但一般认为是康德明确了先验论证的一般方法论。按照康德在先验演绎中所使用的技巧，先验论证大致是这样的：

如果 p 是 q 的先决条件，那么，q 就会因为 p 而成为如此这般的；事实上 q 确实是如此这般的，并且，不是如此这般的 q 是不可能想象得出来的，那么，p 无疑是 q 的先决条件，p 就当然是真的。

与最早的哲学论证相比，可以看出一些有趣的联系和差别。古希腊人迷恋的是一种反论形式：如果 p 则有 q；可是非 q，所以非 p。这一柏拉图所推崇的论证模式来源于苏格拉底的辩论方法以及芝诺热爱的"归于不可能"论证（reductio ad impossibile），也大概属于后来所谓的"归谬法"（reductio ad absurdum），也称反证法。归谬论证攻击力很强大，只要故意鸡蛋里挑骨头，就几乎没有什么论点能够经得起它的批评。归谬法似乎可以用来推翻任何普遍命题，因为对普遍命题非常不利的反例并不难找。归谬法过于轻率的杀伤力使哲学家一方面很有成就感，另一方面又很受挫。不过，归谬论证所适合的知识领域到底是哪些，范围又有多大？这是个被忽视而未加审查的问题。归谬论证以某个特殊反例去反驳某个一般论点，这种反例的一票否决标准对于数学和科学是合理的,但是对于哲学和人文社会知识,却必定伤害太多必要的或伟大的观念,甚至使所有哲学或人文观点都变成可疑的。但是,哲学观念和人文知识与科学有着非常不同的性质,并不适合使用科学标准。奇怪的是,反例否证法在当代哲学中仍然被经常使用(例如分析哲学就很迷恋"举一个反例"),却无视它所产生的谬误比它所能够反对的谬误更多。很显然,没有哪个哲学或人文理论能够绝对地避免反例。

以归谬论证为绝技的古典形而上学论证没有能够帮助古希腊人发现真理,相反,它是导致怀疑论的重要技术条件。苏格拉底关于"知识无非是知道自己无知"的发现,对于哲学的知识追求几乎是一个宿命性的隐喻。尽管柏拉图的理念论是阻击"无知"宿命的一个天才想法,可是他没有能够成功地发展出保证知识基础的方法。有想法而没有办法,终究是无用的。康德敢于自称哥白尼革命,就在于他相信自己终于找到了能够确定知识基础的方法。由康德总结出来的先验论证所使用的核心技术其实主要还是归谬法的技术,其新意在于选取了一个

"自卫性"的角度,即试图去证明 p 的否定命题 $\neg\,p$ 不可能成立。这个思考角度被证明是个关键点,它不再依赖经验个案的反例,而单纯依靠逻辑的力量,因此更有说服力。先验论证的特殊之处就在于选择了自相关结构来进行自卫,从而造成了"我真的有理由自己证明自己"这一耸人听闻的效果。与古希腊以来的传统的归谬论证不同,先验论证力图克服怀疑论,它关心的是如何把某种东西证明为绝对无疑的,而不是如何把各种东西都证明为可疑的。

8. 剃　刀

凡是能够说的，都能够说清楚；凡是不能说的，就应当沉默。

——维特根斯坦

实事求是地说，真正重要的哲学问题几乎就没有被解决过，这一点使哲学很没有面子，但也使哲学家前仆后继地以为自己有着独特的智慧去解决别人解决不了的问题。一般来说，独特的智慧是没有的，哲学家们无非是不断地追问，从一个问题追到另一个问题，从一件事情追到另一件事情，但是，越追就问题越多，追得太远就产生出一大堆脱离了原来问题的问题。更有趣的是，哲学家们甚至会忘记原来真正需要解决的是什么，而沉溺于那些无事生非的问题。哲学家在制造那些不靠谱的问题时，还发明了许多纯属想象的事物来解释那些问题，假事物配假问题。

比如说，世界上有许多事物，花虫草木、飞禽走兽、高山大海、风云雨雾，当然，还有人，自以为是的人，这些东西叫做"事物"。事物都是世界上确实可信的东西。哲学家无法就事物说清楚事物，于是想象各种事物中另有配套的一种东西，比如本质和理念之类，那些本质和理念清楚明白地定义了事物，因此，通过研究本质和理念就反而能够理解事物。这好像是说，数目如果不够多，就反而数不清。这件事情颇有些古怪。

有个叫奥卡姆的哲学家是个明白人，他懒得计算多一倍的东西，于是提出了一个思想的经济原则，要求人们在思想上也要精打细算，实实在在地想事情，不要以为思想可以不计成本。这个原则后来被叫做"奥卡姆剃刀"，它说的是"如果没有必要，就不要增加思考的项目"。多余的想法要用这把剃刀剃掉，事情反而就清楚了。这个道理其实很简单：如果能用简单的办法把事情做好，为什么要用复杂的办法？废话说了一大堆，往往没说清楚事情，或者做事多费七八道手续，还是没把事情做好，思想上的情况也一样，多想了许多东西，结果不是把事情想清楚了，反而最后不知道在想什么。

　　"奥卡姆剃刀"是中世纪的方法，在当时虽然也有名，但并没有受到特别的重视。当代哲学发展了一些新的技术，把这把剃刀磨得锋利无比，终于形成了新的剃刀式方法，后面再说。

9. 还　原

花费尽可能少的思想，对事实做出尽可能好的说明。

——马赫

9.1　真理是简单的

许多哲学家愿意相信，真理是简单的。如果一条真理是复杂的，那么它也一定是由许多简单真理组成的。这样说有些道理。有的东西看起来很复杂，例如一台复杂的机器，但构成这台机器的各个零件以及各个零件之间的关系，还有各个部分的操作原理，都是很简单的，尽管"合起来"就变得很复杂。又比如说数学，再复杂的式子也是由许多非常简单的关系构成的。不过，这里说的简单与通俗没有关系。通俗指的是大多数人"喜闻乐见"的轻松而不严肃的文化，而真理虽然简单，却很

严肃，所以大多数人一般都不喜欢真理。而且，简单的
东西不等于容易的事情，一个武术或舞蹈动作，也许很
简单，但不一定容易。同样，生活中有一些道理，比如
说"少壮不努力，老大徒伤悲"、"多行不义必自毙"之
类，看上去已简单到俗不可耐的地步，但奇怪的是，人
们好像从来也没有真正理解，一定要等到"徒伤悲"或
者"自毙"的时候才理解。思想也一样，人们对近在手
边的简单真理熟视无睹，却总想寻求一些无法识别的超
越的"真理"。

　　哲学中有一种方法叫做"还原"，就是一种寻找简单
真理的方法。"还原"本来不是一个哲学词汇，而是一个
数学和化学的术语，哲学借用了这个术语。化学有化学
的还原，数学有数学的还原，相比之下，哲学的还原与
数学的还原似乎比较相似。数学中的还原其实就是大家
所熟悉的"化简"或"约减"。比如说把一个复杂的方程
式化简为比较简单容易处理的方程式。哲学的还原从根
本上说也是一个化简的过程，它基于这样一个信念：对
思想中的一些问题和观点进行化简，复杂的事情总是能

够由比较简单的事情来说明。但是，复杂的东西到底应
该由哪些简单的东西来说明，并且可以被解释成什么样，
这却要看情况。因此，哲学上有各式各样的"还原"。

有一种"行为主义"的还原，虽然俗气，但很典型。
它说的是，虽然人类的行为比动物的行为要复杂得多，
但既然都是行为，就具有一些共同的、非常简单的性质。
人类行为好像总有着一些高尚的动机，比如说理想、价
值和道德之类的东西，但这些高尚的东西必须能够由简
单的行为性质去解释，否则就会变成一些平白无故的目
标。这似乎想说，伟大的理想必须最终有益于实实在在
的幸福，否则就是变态而不是伟大了。记得有一次问欧
洲一个神学院院长，那些在朝圣活动时折磨自己身体的
人是不是对宗教有不寻常的深刻理解，院长说，也许不
寻常，但并不深刻，只有那些没有能力从精神直接理解
精神的人，才试图通过折磨肉体去理解精神。

行为主义还原想打破人们心中一些假深刻、假高尚
的幻想。例如，在道德上所谓"好"和"坏"的价值，
按照简单的行为性质就会被解释为"一个行为是好的，

观念与事实总有出入

就是指这个行为会带来奖励和表扬；一个行为是坏的，就是指这个行为会引来惩罚"。按照这种"斯金纳之鼠"的解释，一个人不去做坏事，并不是因为他不想做坏事，而是因为他不敢做坏事或者没有本事做坏事；如果一个人愿意做好事，他就是希望获得物质奖励或者精神奖励，比如让别人觉得他是个好人。假如一个行为得不到别人赞许或者感动的目光，就很少有人会去做这种事情，也就不会被看成是好的行为。这种解释看起来十分庸俗刻薄，但行为主义者会说，人并不像人们所想象的那么神圣，只是比较复杂一些而已。不过，此类观点似乎确实对于大多数人是有效的，比如，很少有人悄悄地资助穷人，一定是敲锣打鼓来捐几个钱，搞得美名远扬；又比如，有人义愤填膺地控诉贪污腐败，其实是痛恨自己没有机会贪污腐败。当然，人类确实还是有一些伟大的人，他们是无法还原的。我比较相信孔子关于君子小人之分，还有维特根斯坦说的"幸福的人和不幸的人拥有完全不同的世界"。能够被还原的人其实是不幸的人。

　　行为主义的还原是最容易理解的还原，但并不是最有名的，在某种意义上，它算是经验主义还原的一种。
不过，比较谨慎的经验主义还原主要是针对事物的，而
不是针对人的。经验主义还原设想的是：我们关于事物
的知识描述往往是由许多形而上学的概念和非科学语言
所组织起来的，看起来头头是道，但未必是事物的真实
情况，而是我们想象的道理，而且，那些概念和断言是
无法证实的，因此，我们需要把关于事物的知识化简为
一些简单到不能再简单的直接描述以便能够检验，也就
是把复杂难辨的命题化简为一个个能够直接验证的最小
命题，只要命题都是能够直接验证的，事情就清楚了。

　　还有一种比较特别的还原，称为"现象学还原"，是
胡塞尔的独特方法。胡塞尔的还原不是化简，而是提纯，
它试图在纯粹的主观性中去构造客观性，堪称唯心主义
的一个巅峰成就。主要手段是把我们关于事物的断言都
"悬隔"起来存而不论，同时把知识中不属于意识结构本
身的杂质都"淘洗"出去，只剩下意识自身的纯粹内容。
他称之为意识的纯粹意向性，也就是纯粹我思中的纯粹
所思，这就是纯粹主观性仅仅凭借意识本身就能够确定

的客观对象。他相信，这就是我们的知识或者对事物的理解的真正基础。哲学对纯粹性的追求既令人敬佩又让人担心，纯粹的意识虽然获得了绝对性，但它的内容可能太贫乏了，难以说明真正的知识。胡塞尔自嘲说，对纯粹性的固执追求有点像他小时候拼命磨一把小刀的情形，想把它磨得绝对锋利，后来突然发现，已经快把刀给磨没有了。

9.2 合理的缺点

还原看起来是一种简明有力的方法，但关键是如何使用才是得当的，我们有理由担心这个问题。能够还原固然好，但就怕把好东西给还原没了。不妨再和数学的化简比较一下：当把 3/6 化简为 1/2，它的值保持不变，这一点是关键。数学化简能够保持原值，哲学还原却不一定。准确地说，恐怕往往不能保持原值，这是因为哲学还原缺少一些普遍必然的规则来保证不会单方面地删节掉一些必要的东西。哲学还原其实更像是删节，在本质上是奥卡姆剃刀，一不小心就删掉了太多的东西。那些没有必要的东西当然需要删掉，可是，我们又怎么知道哪些事情确实可以被化简掉而不会导致不可逆的损失？所以说，"如何化简"反而成了一个复杂的问题。显然，并不是只要简单就是好的。

由于哲学的还原很难保持原值，在还原之后往往不能进行"复原"，就是说，当"倒回去"看事物时，事物已经面目皆非，这样的还原，与其说是化简还不如说是歪曲。数学的化简就没有这个问题，可以由 1/2 重新回到 3/6，丝毫不走样。哲学还原的"走样"问题有一点像翻译中的走样问题，有时候把翻译好的句子倒译回去，意思就有很大的出入。据说有人曾让电脑把"眼不见，心不烦"这句话译成某种外语，然后再译回来，结果就成了"瞎了眼的白痴"。同样，哲学的还原如果不得其法，就可能在还原过程中丢掉一些非常重要的因素，变成削足适履了。

话说回来，哲学的还原本来就和数学的化简有所不同，哲学的还原似乎有理由丢掉某些东西，只不过要判断该丢掉哪些东西却有些难。既然在还原过程中丢掉某些东西是危险的，那么，能否做到什么都不丢？看起来不能，如果哲学不狠狠舍弃一些东西，就不可能给世界、生活和人编造出干净、清楚、优美的思想神话。哲学从来就不是知识而是思想。思想总会有这样或那样的缺点，缺点总是难免的，哲学需要的是合理的缺点。有一个故事大致是这样讲的：有个人在路灯下仔细寻找，旁边的人问他找什么，说是找丢了的钥匙，人又问他是否记得确实是在这里丢的，他说不一定，旁边的人觉得奇怪，问他为什么不到别的地方也找一找，他说，我只能在路灯下找，这是唯一能看清东西的地方，别的地方黑乎乎的什么也看不见。同样的道理，我们也只能在思想够得着的范围内去思想，这也许有缺点，但并没有更好的选择。

10. 分　析

哲学家回答一个问题就像治疗一种疾病。

——维特根斯坦

10.1　新剃刀

当我们想把事情搞清楚，就说要"分析分析"。分析的意思就是把事情拆开来看清楚。这有点像把一台机器或者一辆汽车拆开来找出毛病。为什么非要把事情"拆开看"？难道不能从整体上一目了然吗？古典哲学更愿意从整体上去看世界，但现代哲学对这种形而上学追求不满意，因为整体理解如果搞不好就很容易变成大而无当的空话。现代哲学不信任整体理解，就像不相信一大堆账目可以混在一起一笔就算清。正如维特根斯坦所说，要想清楚问题就像算账，只能把账一笔一笔地算清，如果混起来算，肯定是一笔糊涂账。

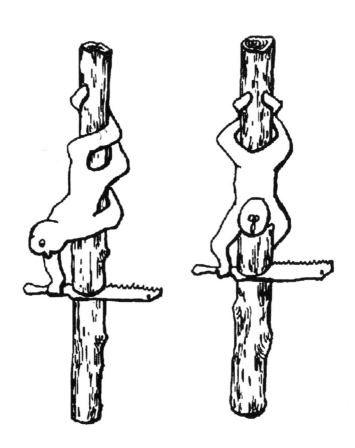

高水平的分析

现代是一个讲求实际的时代，到处都在搞分析，诸
如市场分析、投资分析之类。不过平时所说的这些"分
析"与哲学意义上的"分析"有些不同。平常的分析主
要是在各种可能的设想中找出最佳方案，哲学的分析却
主要是搞清楚什么是可以思想的和什么是不可以思想的。
这听上去也许有点奇怪，我们干吗要去想一些不可以想
的事情？谁这么傻呀？问题就在这里，人们在想比较小
的事情时，头脑往往比较清醒现实，但一想到"大事
情"，头脑往往就不那么清醒了。在日常生活中很容易观
察到，很多人在小便宜面前算得比谁都精，可是在远大
计划时就糊涂了。眼前利益与长远利益的矛盾正是人类
社会的一大困难。进一步说，生活中所处理的具体事情，
哪怕是一笔巨大的投资，也是一件有限的"小事情"，哲
学面对的却是一些大到具有人类性的事情，事情太大就
容易让人想入非非。正因为哲学问题其大无比，思想的
空间好像无边无际，也就容易失去现实感。哲学分析就
是要在整个思想领域中恢复现实感，使人们意识到，荒
谬的思想是无意义的。分析哲学家依靠先进的逻辑技术

把"奥卡姆剃刀"磨得锋利无比，完全成了一把崭新的剃刀，由于这种哲学分析依靠逻辑技术，有时就被称作逻辑分析，又因为它主要面向语言问题，所以又被称作语言分析。

10.2　逻 辑 改 写

哲学分析有一项主要的技术可以称作逻辑改写，它运用的是在现代发展起来的数理逻辑技术。无须经过专门学习天然就会的逻辑大概相当于传统逻辑，数理逻辑则是应用数学技巧发展出来的一种据说更为先进的逻辑。

分析哲学家发现，哲学上的大多数错误其实是人们不恰当地使用语言造成的，是语言错误导致的思想错误，人们为语言的花哨表达和概念所误导，以为说出来的都是思想，凡是语言能说到的就是存在的东西，于是用语言制造了许多假思想。当然，这个问题有着严重争议，分析哲学家认为语言会说出太多它不应该胡说的东西，言多必失，这是以真实事物和真理为原则在限制滥用语言。不过，许多哲学家并不同意这种激进观点，因为语言并不仅仅是为了说出真理和科学，还要做更多的别的事情。使用语言是表达全部生活内容的行为。

语言能够表达我们心里想的"意思"，当听到一句话时，我们能够知道这句话说的是什么，也就是知道这句话的内容。通常人们所说的语言的意义指的就是说出来的内容。分析哲学家发现，"内容"只是作为含义的意义，真正的意义是语言的"逻辑意义"，它隐藏在"内容"之中，这种逻辑意义才是语言真正拥有的意义。有时候一句话从内容上看好像没毛病，但如果深入到它的逻辑意义中去，则可以看出是一句不合理或者不真实的话。"逻辑改写"就是把语句的表面意义改写成它的逻辑意义，这样就容易看出人们经常在胡说八道。逻辑改写就是检查人们是否在胡说。

我们在做事情时，总要讲讲条件。比如说，你打算买一辆白色的、时速达 180 公里、价格不超过 30 万元的小汽车，"白色、时速 180 公里、不超过 30 万元"这些规定就是你的"条件"，如果不满足这些条件，你就不想买。同样，我们在思想时说到某个东西，也是有条件的，如果说不清楚条件，就等于没有确定所说的东西，或者，如果说的东西与这个东西所需要的条件不符，就是胡编了某种东西。为了更容易地看清楚一个句子的逻辑意义，可以把日常句子写成逻辑句子，例如把"一辆白色的双座跑车正以180公里时速奔驰着"这个句子改写成"有某个东西，它要满足这样的条件：它是白色的；是辆双座跑车；它正以180公里的时速奔驰着。"显然，一个事物是否存在，并且在什么样的可能世界中存在，完全要看我们为这个事物开列的存在条件。假如开列的条件只能支持这个事物在神话中存在，那么，这个事物就仅仅存在于神话中而不可能出现在真实世界中；假如所罗列的条件在任何可能世界中都是不可能的，那么，所说的"某个东西"就根本不存在。任何试图混淆不同可能世界中的东西的话语就是胡说。

平时我们经常理所当然地说到某种东西，就好像只要说出某个东西就有了这个东西一样。严格的语言反对这种过于随便就承认了太多事物的形而上学恶习。在逻辑句子中，如果还没有说出某个东西的可信存在条件，就不能承认它的存在。假如有人说到"一个内角和为360度的三角形"，我们会马上指出这是荒谬的，因为"360度"这个条件不能满足。罗素举过一个例子"现任法国国王是个秃子"，按照平常的习惯，有人可能会反驳说"他不是秃子"，可是这样说就已经上了形而上学的当，因为问题不在于是不是秃子，而是法国现在根本就没有国王。如果按逻辑句式写成"有某个东西，它要满足这样的条件：它是个人，并且他是现任法国国王，并且他还是个秃子"，情况就清楚了。罗素的意思是说，古典哲学中使用了太多类似"现任法国国王是秃子"那样坏的语言，结果人们糊里糊涂地默认了许多并不存在的东西，还为那些不存在的东西到底是什么样的而争论不休。

10.3　思想的语法

哲学分析还有一项技术，它要求按照"思想的语法"

去判断一个思想是否有意义。这项技术的发明主要归功于维特根斯坦。"思想的语法"这个说法有点怪。语法通常说的是语言的规则，说话要遵循语法，不然说出的话来就乱七八糟，不可理解。"思想的语法"是一个比喻，它说的是，思想也要遵循一些思想的规则，否则就会胡思乱想，不着边际。逻辑就是典型的思想规则，不过，逻辑是只管形式的规则，管不住野马脱缰的内容，维特根斯坦相信在逻辑之外还应该有另一种思想的语法。从某种意义上说，逻辑就像一个游戏的规则，它规定了什么是可以做的和什么是不许做的，而思想语法就像是游戏的策略，显然，在可以做的范围内，有一些策略是愚不可及的，思想语法就是要排斥思想上的愚蠢策略。

按照思想语法去分析思想，又叫做思想的"治疗法"。人有病就要治疗，思想有了病也要治疗，治病需要一定的疗法，从这个意义上说，思想语法就是思想疗法。思想的治疗法主要有两种：第一，看病先要诊断。思想的诊断就是考察一个问题是不是一个能够回答的问题。如果我们提出一个不能回答的问题，也就是根本不存在

治疗思想疾病

答案的问题，就像废话一样是多余的，可以说是"废问"。假如为"废问"而劳神苦求，就是思想有病。第二，在解答一个问题时，答案必须是一个可以理解的事实，不然就是胡说，说了白说，就是思想有病。这就像医生开出的药方必须是能配得成的，不能是一些根本找不到的东西，比如说不能开出"万年龟、十丈人参"这样无聊的药方。

可以参考维特根斯坦运用"思想疗法"的例子（有改动）。人们提出问题，往往是由于对某种事情感到惊奇。那么，什么事情能让我们惊奇呢？我们显然只会对异常现象感到惊奇，比如说看见老鼠打败大猫（就像Jerry 打败了 Tom），或者见到一个老人返老还童，这种离奇的事情会让我们惊奇，所以才想问为什么。只有当我们能够想到一种东西不该是这样的时候，才能有惊奇，更哲学地说，如果一件事情是这样的，我们又能想象出这件事情能够不是这样的，我们才有了惊奇的合法条件，才能提出有意义的问题。假如有个人居住的地方永远都是阴天，他就可能会对蓝色的天空感到惊奇，就有理由问:"天空怎么会是蓝色的呢?"这样的事情虽然十分罕见,但并非不能理解。可是如果有人说"无论天空是什么颜色,我都感到惊奇",这种惊奇就是无理由的惊奇,就是思想有病。类似地,有的哲学家很深沉地问:"为什么世界居然存在而不是不存在?"而且沾沾自喜以为自己提出了真正深刻的问题,这就让人不解了,因为世界是存在的,它不可能不存在,并没有第二个选择,所以根本不构成问题。只有当一个事情存在至少两种选择时,才能够形成一个有意义的问题,而像"世界存在",它是唯一的情况,我们别无选择,所以,这类哲学问题就属于"废问"。

上面这个例子是我觉得最有趣的,不过维特根斯坦最有名的思想治疗例子是"私人语言"。有些貌似深刻的哲学谈论了一些难以理解的话语,还有的哲学家相信自我有着内在自足完满的意识,这些独白式的哲学如果能够成立,就必须依赖于某种私人语言的存在。那么,私人语言可能存在吗?维特根斯坦试图证明这是一个思想谎言。假定有人自己定义了一种私人语言,别人都不懂,因为别人无法窥探他心里想什么，这一点不成问题，就好比一种别人不懂的密码。不过，私人语言不能只是一种密码，密码仍然是可以理解的，因为密码无论多么独特，都有稳定确定的语言规则，它的元规则与公共语言的元规则是一致的，一旦密码的规则被公开或者最终被破译，人们就能够理解其意义。因此，要使一种私人语言在任何情况下无论如何都不可能被破译，就只能使它的每个词汇和规则都成为一次性的，决不重复，就像流水一样，可是，假如真的如此，自我意识也就不可能理解自身的这种私人语言了，因为这种语言像水一样毫无痕迹地溜走了，自己甚至不可能记住自己想象的语言。由此，维特根斯坦证明了意识需要外在条件，比如公共语言，意识不可能自己说明自己。

11. 解释和解构

我说的话有一半是没有意义的，我把它说出来，为
的是也许会让你听到其他的一半。

——纪伯伦

语词像无尽的雨水流进纸做的杯子。

——甲壳虫乐队

当读到数学或者科学的句子时，例如"2+2＝4"或
"水分子由两个氢原子和一个氧原子构成"之类，人们会
有同样的理解。但是，如果读的是历史或者小说，每个
人却几乎不可能有同样的理解。当然，有些"史实"是
确定无疑的，例如"刘邦最后战胜了项羽"，然而，什么
原因使刘邦能战胜项羽，项羽的失败有什么样的后果，
等等，对于这类需要解释和评论的问题，人们总能够有
不同的理解。历史并不是过去事情的忠实记录，而是按

照各种各样的理解和偏见写出来的。即使是纪录片也决非忠厚老实，在纪录某个人物或事情时，我们有可能只拍摄好的一面或只拍摄坏的一面。无论是历史、艺术、宗教、价值还是生活方式，人们都不可能有一致的理解，不可能像科学揭示自然规律那样"客观地"了解文化产品的"原义"，甚至，人们也未必喜欢原义，而是更喜欢按照自己的偏好去理解。

这说明，科学有科学的路，文化有文化的路，不同的路要有不同的走法，就像不同的游戏有不同的玩法。有一些哲学家注意到了科学与文化的这种差别，他们不同意分析哲学家那种歧视文化的态度，他们相信，在文化问题上不能滥用科学和逻辑的方法，文化必须有自己的思想方法，他们喜欢称之为"人文的"思想方式。逻辑分析技术上过得硬，但分析哲学确实有无聊的一面，思想变成了一种斤斤计较、吹毛求疵的算计，而且不知道这样较劲是否有用。人文思想虽然模糊混乱，但更能够涉及生活的重大问题。

在某种意义上，文化产品的"原义"或者"本义"

差不多类似于事物的"真面目"。但是，文化产品的"原义"或"本义"却不可能真正被理解，即使作者本人也未必理解，因为，文化产品也没有能够限制住它自身意义的封闭结构或形式，所以人们喜欢说，文化产品是开放的。因此，原义即使有，也并不重要。这注定了文化研究不能仿效科学方法，否则就成了邯郸学步。真理对于科学是重要的，对于文化却不重要，文化的方法不是为了发现文化产品的原义，而是为了显示人们不断创新的理解，那些互相关联而又互相不同的理解积累形成了文化传统和价值，形成精神的交叉路径。比方说，听音乐时，你听到的并不是作品本身的意图，而是你自己的理解，因此，理解一个作品就是按照你的观点解释这个作品，而每个人的观点都是一种"成见"或者"偏见"，因此，理解就是误解，阅读就是误读，理解和阅读只不过是读者所进行的另一种写作，它增加了写作的丰富性。哲学家把研究这些问题的思想方法叫做"解释学"。

解释学很有些辩证法的味道。解释学中有一个特色问题叫做"解释学的循环"，说的是，一方面我们用现在的眼光去理解文化传统，另一方面文化传统却事先塑造着现在的眼光；同样，我们要理解一件事情的整体就必须去理解它的各部分，而在理解它的各部分时却又要求理解它的整体。这有些像我们生活在社会中，一方面我们改造着社会，另一方面社会又在改造着我们。那么，这样循环到底建构了什么？可以肯定，这种循环建造的不是真理，但它建立价值，建立传统，建立事物的历史性，在各种理解之间建立对话，在过去和现在之间建立对话。解释学相信，理解永远是多种多样的，新的理解永远层出不穷，不同的理解之间的对话能够产生更新的理解，各种不同的意见和看法不断参加进来，重叠以至于"融合"在一起，由此产生的东西就是平常所说的"文化传统"。一种文化传统越是开放，它所融合的理解就越多，它就变得越丰厚，也就越有前途。

古代哲学特别重视"看"事物的能力，这是一种很朴素的知识论追求。但是，当人们总也"看"不到真理时，就转向"听"真理，从神那里听真理，于是，视觉中心的古代智慧就被听觉中心的宗教思维所取代。不过

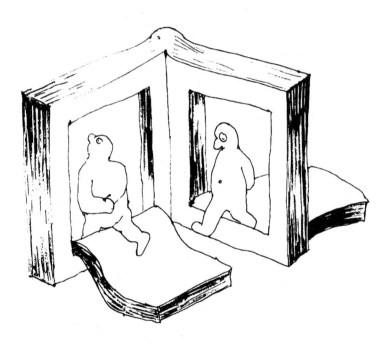

文本只不过是个门

人们又发现，听来的东西其实比看到的更混乱。尽管看也会有错觉，但看终究还是更直接的，而听要听音，主观性显然更强，所谓眼见为实，耳听为虚，如此云云，都是人们的真实经验。正因为人们各自"听"出了不同的东西，所以产生了解释学。到了现代，哲学不仅想"看"，想"听"，还想"说"，三者并重。无论是"看"还是"说"和"听"，暗中都有一种深远的假设，人们总以为世界总有某种绝对本质，以为思想有着某种本源，总希望能够把那些隐藏着的最重要的东西找出来，就像去寻找隐藏的宝藏，也许，不是有重要的东西隐藏着，而是人们相信隐藏着的东西更重要。福柯就说哲学是思想的"考古学"。但是德里达已经不相信这种寻宝记了，他觉得，哲学家想要寻找的那些绝对的东西，无论是本质、真理、意义、本原还是别的什么，其实是找不着的，它们也许是有的，但永远被埋藏在深处，而且越埋越深。无论是"看"、"说"、"听"，都无法挖掘出那些深藏的本原和真义，因为人类的思想文化是不断"写"成的，就像一张纸，无数人在上面写了又涂，涂了又写，重重叠

德里达：写过的总会烟消云散

叠，你遮我盖，原先的东西早被完全覆盖了，无论费多大力气也找不回去了。从这种角度看，"写"才是文化的根本性质，而所谓"写"就是在不断地涂抹、删改和掩埋，这形成所谓的"解构"。

解构同样很有些辩证法的味道。解构会导致任何试图把意义、思想和知识固定化的结构发生消散，从而产生新意。解构不是破坏，而是一个不断产生新意的动态思想状态。比如说，如果说 p 是这样的，那么总有理由说 p 不是这样的，又会有别的理由说 p 既不是这样的也不是那样的……不过，解构虽有解放意义的功效，但似乎也有着制造意义废墟的危险。人们总以为解放就能够获得一切，实际上一旦彻底解放就只剩下一切的废墟了。

12. 博　弈

知己知彼，百战不殆。

——孙子

　　一般都知道博弈论是冯·诺依曼所创，其实最早的博弈论是孙子和老子的思想。孙子和老子的博弈原则即使在今天仍然是极其高明的，但从理论构造上说还不是成熟的博弈论。顾名思义，博弈论就是游戏理论，但这一点有些似是而非，它虽然与游戏概念有关，但实质上并不是关于游戏的理论，而是关于冲突和合作的理论。比较准确地说，"游戏"只是一个隐喻，它指的是人类社会就像是个游戏，人们为各自的利益而竞争、比赛甚至战争。维特根斯坦也试图以"游戏"为模式去理解人类行为，不过，维特根斯坦研究的是规则问题，而诺依曼研究的是策略问题。我们这里要讨论的是作为策略问题的博弈论，也就是关于人类冲突的一般理论。

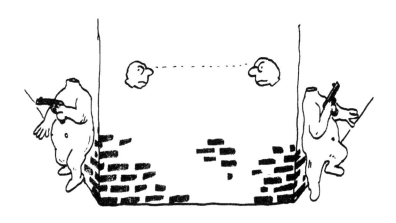

博弈需要知己知彼

　　博弈论通常借用经济学对人的一般理解，同样假定：
（1）博弈中的人是自私的，永远追求自己的利益最大化；
（2）人们总是以理性的策略去争取自己的利益；（3）人
们互相不信任。可以看出，这几个假定并非人类面目的
完全写真，所以经常遭到批评，不过，这些假设仍然是
最成功的假设，它们虽然不是全真的，但也是似真的。
就是说，对于解释大多数人在大多数情况下的行为是
有效的。因此，在找到更好的假定之前，人们还是承
认这一解释模式。

　　与人们的利益追求相比，资源永远有限，这是个事
实，所以，冲突就成为人类的最大问题。从理论上看，
解决冲突的最合理方案是公正分配，即使得人们恰如其
分地得其应得，这是几乎所有哲学理论共同承认的理想。
但是，公正虽然是最合理的，却不是最可能的。人性贪
得无厌，斤斤计较，寸土不让，但其实又互相制约，互
相限制，无人能够随心所欲。每个人的争利行为都是一
个策略，每个人的策略都构成对他人策略的制约，每个
人都必须应对他人的策略，于是形成了人们之间的策略
互动互制。博弈论试图揭示互动互制的策略规律，当然，

这种规律不像自然规律那样是普遍必然的，只是最有可能的，这已经足够有用了。

诺依曼发现的一个定理称为"最大最小规则"，如果从相反方向去看则是"最小最大规则"，它们在本质上是等价的，是双方对等的策略。假定博弈双方不想拼个你死我活，或者谁都没有把握完全吃掉对方，但也谁都不愿意吃亏，都愿意在能够避免最坏情况的条件下进行合作，那么，满足最大最小规则的利益分配就是最符合逻辑的，这一规则的基本精神就是确保自己得到一个最不坏的结果。"分蛋糕"是一个经典例子：两个小孩分一个蛋糕，谁都想尽量多吃，但这不现实，因为谁都决不让对方多吃，唯一公平的方法是，一个人切蛋糕，另一个人先挑选。由于可以预见先挑的人必定挑大块的，因此切蛋糕的人的最好选择，也就是最不坏的选择，就是把蛋糕切成一样大。值得注意的是，这个结果虽是公正的，却不是出于公正的动机和要求，而是出于自私，导致这一公正结果的原因是博弈的客观条件，是形势所迫的公正。这似乎意味着，人性自私仍然能够形成公正合作。

利益最大化的理性计算："万一他先我就惨了"

罗尔斯受到"最大最小规则"的鼓舞,设计了"无知之幕",试图证明,假如每个人都被无知之幕蒙住了眼睛,无法知道自己和他人的能力差距,也不知道自己的社会地位和未来的可能性,在这样毫不知己也不知彼的情况下,自私自利的人们必定会选择一个实际上公正的社会制度,这个制度在利益分配上将相对最有利于处境最差的人们,大概接近"损有余而补不足"的意思。他的计算法是,人们担心万一揭开无知之幕之后发现自己属于处境最差的人,为了避免这一最差结果,就一定会给自己留出保险的后路。罗尔斯的这个理论影响巨大,很有魅力。但美中不足的是,罗尔斯似乎计算得不太对,他的劫富济贫式公正并非"无知之幕"的唯一有效解,理论上其实存在两个以上的有效解,而且严格地说,罗尔斯解甚至不是最优解,最符合"最大最小规则"的解应该是平均主义,每个人都得到平均利益,这才是一个能够满足最保险要求的解。

更深刻的博弈论问题是纳什提出的。纳什发现,在更多的情况下,即使人们有心合作,而且,如果合作就明明会有双赢的最好结果，也会由于无法确保互相可以信任而必然导致不合作的坏结果。纳什这个由数学算出来的无懈可击的结果严重地打击了人类的各种美好理想和价值观，形成至今难以超越的一个根本性困难。最典型的例子是"囚徒困境"：两个疑犯涉嫌重大犯罪，警方对他们分别单独审问，告诉他们说有三种选择：（1）都坦白，则各判 8 年；（2）一个坦白，一个抵赖，则坦白的释放，抵赖的判 12 年；（3）都抵赖，则将因其主要罪行证据不足而各判 1 年。很显然，如果他们信任对方而选择一致抵赖，这是最好结果，但是，残酷的逻辑是，由于他们是理性的、自私的、不信任对方，不愿意比别人吃亏，不愿意冒险，因此他们必然都选择坦白，最后得到一个虽然不是最差但也足够悲惨的结果。

目前，博弈论能够深刻地分析人类如何不合作，但还不能很好地说明如何形成合作。看来，解释坏事容易，解释好事就难得多。

一个坏的纳什均衡

13. 无立场

我像太阳一样看着你们，既没有悲哀也没有行李。

——舒可文

最后画蛇添足地介绍一种我的哲学方法，所谓"无立场"。通常，人们在进行思考时总是用自己偏好的某种立场或某种观点去看事物，对各种事物都按照自己喜欢的那种立场观点去衡量。在不同的立场观点中，事物被看成不同的样子，一种立场观点就像是一把自己说了算的尺子。可是，我们并不知道这把"尺子"是否适合于衡量"各种各样"的东西，也不知道这把"尺子"做得好不好，我们不能用尺子去量这把尺子自身。哲学家怀疑了种种事物，其实，最值得怀疑的是我们的各种立场观点。人们深知主观性对知识的严重伤害，因此希望一切知识都能够向科学看齐。据说科学是客观的，能够表达事物的真实面目，这固然好，但问题是，人文思想和社会科学，特别是哲学，并不是为了表达真实，而是要创造一些有可能使社会变得更好、让生活更幸福的观念。简单地说，科学表达真实，而哲学要创造梦想，因此，科学的标准对于哲学并不合适。

无立场分析不是要拒绝任何一种立场，而是强调，不要从观点去看问题，而要从问题去看观点。从问题去看观点，就是不要盲从任何一种观点，而要从问题出发，根据一个问题的困难所在以及解决问题的可能性和所需要的条件，去看每一个观点分别可能会有什么用处。从这个意义上说，无立场是一种反思任何观点的方法，也许可以说是对各种观点的一种验算法。通常，我们不知道一个事物是怎么回事，于是要想象出某种观点去看事物，各人有各人的想象，所以会有多种观点。这样的思维只考虑了"我们是这样看事物的"，却没有顾及"事物是否可以这样被看"，因此，我们必须检查各种观点是否对付得了事物提出的问题。但这不是科学，无立场要

如果不能改变世界就改变世界观

验算的不是观念是否符合事物的真相，它要验算的是，我们的观点所强加给事物的各种想象和梦想是否可能可行。

一种观点就是一种想象，因此，没有一种观点是完全错误的，错误的只是对观点的错误使用。换句话说，每种观点都有可能是正确的，关键看用在哪里。因此，无立场拒绝任何一种立场的无条件权威和批评豁免权。思想就是思想，并不专门服务于某个立场，无立场的思维就是看不起任何主义。既然任何一个观点在特定条件下都可以是正确的，那么，每个观点就都是理解问题的一个条件，无立场地看问题就是游移地从每个立场去看问题，如水一般地从一个立场流变到另一个立场，但绝不固执于某个立场。在某种意义上，无立场可以说是从老子的"水的方法论"中化出来的。按照不同问题的特定情况而变换立场，类似于"无法之法"，就是无立场之法，从这个意义上说，无立场也就是全立场，即根据条件去利用每一个可以利用的立场。

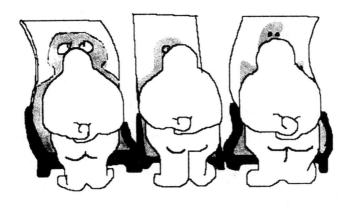

每种观点都对

对任何观点的错误使用都是一种思想疾病。维特根斯坦给思想治病，但他的治疗法是"恶治"，如果一种观点有病就干脆切掉。无立场不想浪费任何一种思想资源，因此试图对观点进行调整。在理论上说，每一种观点都能改造成真理。逻辑分析喜欢对思想进行"改写"，但逻辑改写只能发现观点的毛病，却无法把一种观点变成真理。我喜欢"补写"的技术，主要是说，只要不断给一种观点补充增加一些约束条件，多加一些限制，就总能够使它成为真理。只要条件充分，限制足够多，每个观点都能在一个适合它的可能世界中成为真理。我特别愿意举出"民主"观念作为例子。这个时代人们对民主赞美有加，其实，只有当给民主规定了足够多的限制条件，民主才有可能是好东西，如果限制不够，民主就可能成为很坏的东西。总之，无立场的要义就是，不要以观点为事物立法，而要根据问题为观点安排合适的用途。

图书在版编目（CIP）数据

思维迷宫/赵汀阳著. —北京：中国人民大学出版社，2017.9
（爱智书系）
ISBN 978-7-300-24948-3

Ⅰ.①思… Ⅱ.①赵… Ⅲ.①思维科学-通俗读物 Ⅳ.①B84-49

中国版本图书馆 CIP 数据核字（2017）第 219799 号

爱智书系
思维迷宫
赵汀阳　著

赵汀阳　图
Siwei Migong

出版发行	中国人民大学出版社			
社　　址	北京中关村大街 31 号		**邮政编码**	100080
电　　话	010 - 62511242（总编室）		010 - 62511770（质管部）	
	010 - 82501766（邮购部）		010 - 62514148（门市部）	
	010 - 62515195（发行公司）		010 - 62515275（盗版举报）	
网　　址	http://www.crup.com.cn			
经　　销	新华书店			
印　　刷	北京联兴盛业印刷股份有限公司			
规　　格	135 mm×190 mm　32 开本		**版　次**	2017 年 10 月第 1 版
印　　张	4.125 插页 2		**印　次**	2021 年 3 月第 3 次印刷
字　　数	52 000		**定　价**	29.80 元